百角文库

中国古代四大发明

庄葳　编著

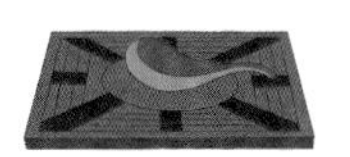

中国少年儿童新闻出版总社
中国少年兒童出版社

北　京

图书在版编目（CIP）数据

中国古代四大发明 / 庄葳编著 . -- 北京 : 中国少年儿童出版社 , 2024.1（2024.7重印）
（百角文库）
ISBN 978-7-5148-8409-8

Ⅰ . ①中… Ⅱ . ①庄… Ⅲ . ①技术史 – 中国 – 古代 – 青少年读物 Ⅳ . ① N092-49

中国国家版本馆 CIP 数据核字 (2023) 第 254474 号

ZHONGGUO GUDAI SI DA FAMING
（百角文库）

出 版 发 行：中国少年儿童新闻出版总社
中国少年儿童出版社

执行出版人：马兴民

丛书策划：马兴民　缪　惟
美术编辑：徐经纬
丛书统筹：何强伟　李　橦
装帧设计：徐经纬
责任编辑：张云兵　王智慧
标识设计：曹　凝
责任校对：夏明媛
封 面 图：谢雨函
责任印务：厉　静

社　　址：北京市朝阳区建国门外大街丙 12 号
邮政编码：100022
编 辑 部：010-57526268
总 编 室：010-57526070
发 行 部：010-57526568
官方网址：www. ccppg. cn

印刷：河北宝昌佳彩印刷有限公司

开本：787mm × 1130mm　1/32
印张：3.5
版次：2024 年 1 月第 1 版
印次：2024 年 7 月第 2 次印刷
字数：40 千字
印数：5001-11000 册

ISBN 978-7-5148-8409-8
定价：12.00 元

图书出版质量投诉电话：010-57526069
电子邮箱：cbzlts@ccppg.com.cn

序

提供高品质的读物，服务中国少年儿童健康成长，始终是中国少年儿童出版社牢牢坚守的初心使命。当前，少年儿童的阅读环境和条件发生了重大变化。新中国成立以来，很长一个时期所存在的少年儿童“没书看”“有钱买不到书”的矛盾已经彻底解决，作为出版的重要细分领域，少儿出版的种类、数量、质量得到了极大提升，每年以万计数的出版物令人目不暇接。中少人一直在思考，如何帮助少年儿童解决有限课外阅读时间里的选择烦恼？能否打造出一套对少年儿童健康成长具有基础性价值的书系？基于此，“百角文库”应运而生。

多角度，是“百角文库”的基本定位。习近平总书记在北京育英学校考察时指出，教育的根本任务是立德树人，培养德智体美劳全面发展的社会主义建设者和接班人，并强调，学生的理想信念、道德品质、知识智力、身体和心理素质等各方面的培养缺一不可。这套丛书从100种起步，涵盖文学、科普、历史、人文等内容，涉及少年儿童健康成长的全部关键领域。面向未来，这个书系还是开放的，将根据读者需求不断丰富完善内容结构。在文本的选择上，我们充分挖掘社内“沉睡的”“高品质的”“经过读者检验的”出版资源，保证权威性、准确性，力争高水平的出版呈现。

通识读本，是“百角文库”的主打方向。相对前沿领域，一些应知应会知识，以及建立在这个基础上的基本素养，在少年儿童成长的过程中仍然具有不可或缺的价值。这套丛书根据少年儿童的阅读习惯、认知特点、接受方式等，通俗化地讲述相关知识，不以培养“小专家”“小行家”为出版追求，而是把激发少年儿童的兴趣、养成正确的思考方法作为重要目标。《畅游数学花园》《有趣的动物语言》《好大的地球》《看得懂的宇宙》……从这些图书的名字中，我们可以直接感受到这套丛书的表达主旨。我想，无论是做人、做事、做学问，这套书都会为少年儿童的成长打下坚实的底色。

中少人还有一个梦——让中国大地上每个少年儿童都能读得上、读得起优质的图书。所以，在当前激烈的市场环境下，我们依然坚持低价位。

衷心祝愿“百角文库”得到少年儿童的喜爱，成为案头必备书，也热切期盼将来会有越来越多的人说“我是读着‘百角文库’长大的”。

是为序。

马兴民

2023 年 12 月

目 录

造纸法

纸很普通，也很重要。我们读书、看报、写字，哪一件也离不开纸。

有了纸，人类的知识才能保存下来，传播开去。有了纸，人类的文化科学事业才能迅速地向前发展。可以说，纸是人类文明的标志。

在许多朋友看来，纸好像没有什么稀奇。可是你知道吗，人类的文化史，有漫长的一个时期不是写在纸上,因为那时候人们不会造纸。造纸的方法是我们祖先经过长期的努力，花了无数的心血才发明出来的。

纸的发明，表现了我国古代劳动人民的聪明才智，是中华民族对人类文化的重大贡献。

“龙骨”的故事

在纸产生以前，人类早就会写字了。据历史学家的研究，我国的文字起源于6000多年前。

在现在的陕西省西安市东郊，有个半坡村。6000多年前，有一个原始氏族公社在这里生活。

1954年，我国考古工作者发掘半坡村氏族公社的遗址，挖出了大量的石器、骨器和陶器。那些陶器上，除了刻有花纹，还刻着简单的符号。

历史学家们认为，这些符号具有文字的性质，可以说是已经发现的我国最早的文字。

西安半坡村出土陶器上刻画的符号

可见在纸发明之前，我国的文字已经有了很长的历史。到了青铜时代，我们的祖先还把文字铸在或者刻在青铜器上。有些商代和周代的青铜器一直保存到现在，上面的文字记载了当时的一些历史事件和社会状况。

除了青铜器，我们的祖先还把文字写在什么上面呢？这里，我们先讲一个“龙骨”的故事。

清朝光绪二十五年（公元 1899 年），有一个人叫王懿荣,喜欢收集和研究古代的文物。有一天，他生了病，医生给他开了一张药方，药方上有一味药，叫“龙骨”。所谓龙骨，实际上是古代动物的骨骼或者骨骼化石。

药买了回来，王懿荣打开一看，发现有的“龙骨”上刻着很多古代的文字。他感到非常奇怪，就花工夫搜集这种刻有古代文字的“龙骨”。后来又有一些学者对这种“龙骨”发生了兴趣，他们经过搜集研究，方才知道这些刻有古代文字的“龙骨”，是一种珍贵的古代文物——殷商时代留下来的甲骨，离现在已经有 3000 多年了。

甲骨是什么东西呢？

甲就是乌龟的腹甲；骨就是兽骨，主要是牛的胛骨。甲骨上刻的是当时的文字。因为这种文字刻在甲骨上面，所以称作甲骨文。

这些带字的甲骨，最初是在河南安阳发现的。安阳是殷商后期的京城。当地的农民在地里挖到了这些东西，就当作“龙骨”，卖给了药店。

这就是“龙骨”的来历。

这片“龙骨”实际上是刻着卜辞的龟甲

最初出土的甲骨并不很多，后来考古学家

确定它是研究殷商历史的珍贵资料，就在安阳等地大规模发掘。几十年来，刻有文字的甲骨，已经发现十多万片。

那么，当时的人为什么要把文字刻在甲骨上呢？原来殷商王朝很迷信，出征啦，打猎啦，放牧啦，甚至有什么疾病灾害啦，都要“占卜”一下，预测自己的运气好不好。甲骨就是他们占卜的用具。占卜以后，他们常常就把结果刻在这块甲骨上。

当时，占卜的事情实在太多了，因此，甲骨文字记录的范围非常广泛，反映了殷王的活动和殷商社会生活的许多方面。

不但殷代有甲骨文，殷以后的西周也有甲骨文。1977年，考古工作者在陕西省周原地区，又挖出了1.5万片西周早期占卜用的甲骨。

殷商时代和西周甲骨的出土，使我们获得

了研究古代政治经济和文化的大量历史资料。这种甲骨就是最早用来“写”字的一种“纸”。

竹简和木简

我们祖先“写”字的材料，除了甲骨以外，还有竹片和木板。

树木到处都是，竹子在南方也很普遍，因此，人们就把它们削成一条条狭长而又平整的小片片，在上面写字。竹子做的叫竹简；木头做的叫木简，又叫版牍（dú）。

简的长度不一样，长的有三尺，短的只有五寸。人们写信的时候，往往用一尺长的简，所以后来把信称为“尺牍”。还有一种简，三面起棱，可以竖起来，便利儿童阅读，这就是当时的儿童识字课本哩！

每根简上写的字多少不一，大多是 20 来个字。人们在简上写字的时候，还准备好一把刀，万一把字写坏了，就削掉重写。直到今天，我们还把修改文章称为删削。

我们祖先在简上写了字，就用绳子、丝线或皮带，把一根根简编在一起。这样，就成为一册一册的最原始的书了。“册”是一个象形字，就像一根一根简用绳子穿起来的样子。

我们祖先是从什么时候开始用竹片和木板写字的呢？

这个时间现在很难断定，很可能在殷商时代，人们就已经这么做了。因为《尚书》上说，殷朝已经“有典有册”了。

竹简和木简上的字，都是用毛笔写的。我国的毛笔，可能在殷代就发明了。在当时的甲骨、玉片和陶器上，已经有用毛笔书写的朱墨字迹。

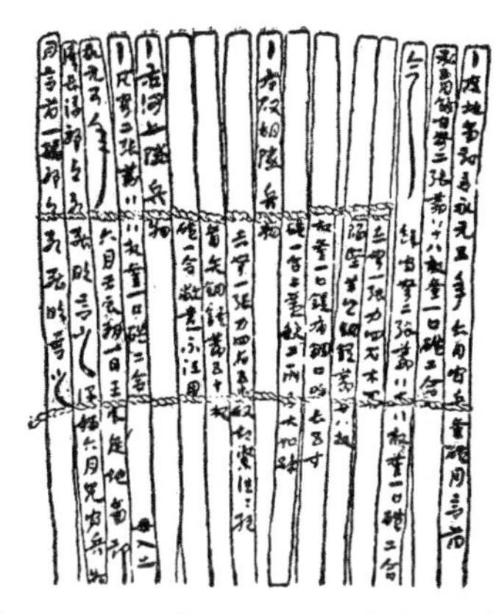

东汉永元五年（公元93年）的木简

在竹简和木简上写字，要比在甲骨上刻字容易，而且也便于编连。这样就使古人有了编书的条件。我国最古老的正式书籍就是用竹简和木简编成的。

中华人民共和国成立以来，我国各地相继发现竹简和木简，已有20多处。其中出土数量最多的，要数居延汉简，先后共发掘出三万多根。

用竹简和木简写书，虽然比在甲骨上刻字

容易，可是这样的书仍旧有个很大的缺点，就是笨重，翻阅起来十分麻烦，携带尤其不便。

帛书和帛画

大约在春秋战国之际，人们在使用竹简、木简的同时，又想出了另外一种办法，用丝织品来写字、画图。

殷代铜器的装饰花纹中也有蚕的形象

我国是世界上最早饲养家蚕和织造丝绸的国家。养蚕从什么时候开始的，现在还不能确定。据古书记载，在殷商时代我国蚕丝业已经相当发达，在甲骨文中，已经有“丝”“帛（bó）”和“桑”等字；另外，还有祭祀蚕神的记载。当时，人们不但用丝绸做衣服，甚至连用的东西也用绢帛包起来了。

随着社会经济的发展，丝织品的生产也更加普遍。大约在西周时候，人们就开始用帛写字。到了春秋战国时候，用帛写字的人就越来越多了。古人写的书里，“竹帛”两个字相当于我们今天的“稿纸”。战国初年有个思想家墨子，曾在他的书里不止一次地说到“著于竹帛”，就是写在竹简和帛上的意思。这说明帛和竹简、木简一样，当时都用来作书写的材料。

那时候，人们不但用帛写字，还用帛画图。

我国考古工作者发掘了湖南长沙马王堆的三座汉墓，获得了大量珍贵的文物。其中尤为重要和罕见的是两幅彩绘帛画、两幅画在帛上的地图，以及一大批帛书，同时出土的，还有600多根竹简。这说明当时竹简、木简和帛是并用的。

帛很轻便，便于携带和书写，看起来也很清楚。可是，帛的生产毕竟不是那么容易，价钱也太贵了，一般人用不起。所以在我国古代，帛书不及竹简和木简那样普遍。

竹简、木简太笨重，帛又太贵，用它们写字，都有缺点，还得想出更好的方法来。随着生产和科学技术的发展，纸终于被发明出来。

世界上最早的植物纤维纸

1957 年 5 月，在陕西省西安市郊灞桥砖瓦厂工地上，发现了一座古代墓葬。我国考古工作者立即对这座墓进行了清理，在墓中发掘到铜剑、铜镜、半两钱、石虎、陶器等文物。值得注意的是，在包着麻布的铜镜下面，放有一些米黄色的古纸，最大的差不多十厘米见方，还有一些较小的纸片。纸上面有明显的被麻布压成的布纹。由于长期和铜镜放在一起，纸和麻布的表面都呈现出绿色铜锈老斑。这说明，它是和其他文物同时随葬入墓的。

考古工作者对这座古墓和出土文物进行研究，断定它们的年代不会晚于西汉武帝，离现在已经有2100多年了。这些古纸因为是在灞桥被发掘出来的，所以称为灞桥纸。

灞桥纸究竟是用什么原料制造的呢？

经过反复检验，确定灞桥纸主要是由大麻纤维所造的，但是也混有少量的苎（zhù）麻。

大麻是我国种植的最古老的麻类。春秋时代编成的我国最早的一部诗歌总集《诗经》，其中就提到“麻”和“纻（zhù）”。“麻”，指大麻；“纻”，指苎麻。汉朝时候，它们都是麻纺业中的主要原料。因此，人们也就把它们用来作为造纸的原料了。

我国古代的劳动人民穿不起丝绸、丝绵，只好穿麻制品。古书上是把“布”（指麻布）和“帛”并提的，把“麻缕”和“丝絮”（指丝绵）并提的。当时制造麻缕，跟制造丝绵的方法一样，也是在水中进行的。《诗经》中就讲道：“东门之池，可以沤（òu）麻”，“东门之池，可以沤纻”，“沤”就是把麻长时间地浸渍在水中。在水中制造丝绵的时候，竹席子上总有残留着的丝绵；同样，在沤麻的时候，也总有细碎的麻筋落下来。竹席子上残留的丝绵可以做成丝绵纸，劳动人民在积累了做丝绵纸的经验以后，就很自然地采用这种方法，用细碎的麻筋制造植物纤维纸了。

灞桥纸是世界上现存的最早的植物纤维纸。它的发现，在科学技术史上具有重大的意义。过去，历史书上都说纸是东汉蔡伦发明的，灞桥纸的发现，说明早在西汉时代，我国劳动人民已经发明用植物纤维造纸。

除了灞桥纸以外，1933 年，在我国新疆罗布淖尔（罗布泊），也发掘到一张西汉古纸，不过它的时代比灞桥纸晚一点儿。这张西汉古纸，也是用麻类纤维制造的。

我国虽然在西汉时代就有了植物纤维纸，但是，那时候麻缕也跟丝绵一样，是用来做衣服的，不可能大量用在造纸上。同时，麻缕制的纸又厚又糙，不很适宜写字。它还需要进一步改进和提高，才能代替竹简、木简和丝帛。

蔡伦对造纸法的贡献

我们在前面讲过，造纸法不是蔡伦最早发明的。那么，蔡伦是个什么人？他跟造纸法究竟有什么关系呢？

蔡伦生活在东汉和帝时候，从小就到皇宫里去当太监，担任职位较低的职务，后来得到汉和帝信任，被提升为中常侍，参与国家的机密大事。他还做过管理宫廷用品的官，监督工匠为皇室制造各种器械，因而经常和工匠们接触。劳动人民的精湛技术和创造精神，给了他很大的影响。

蔡伦看到大家写字很不方便，竹简和木简太笨重，丝帛太贵，丝绵纸不能大量生产，都有缺点。于是，他就研究改进造纸的方法。

蔡伦总结了前人造纸的经验，带领工匠们用树皮、麻头、破布和破渔网等原料来造纸。他们先把树皮、麻头、破布和破渔网等东西剪碎或切断，放在水里浸渍相当长的时间，再捣烂成浆状物，还可能经过蒸煮，然后在席子上摊成薄片，放在太阳底下晒干，这样就变成纸了。

用这种方法造出来的纸，体轻质薄，很适合写字，受到了人们的欢迎。东汉元兴元年（公元105年），蔡伦把这个重大的成就报告了汉和帝，汉和帝赞扬了他一番。从此，全国各地都开始用这样的方法造纸。

造纸技术很复杂，不可能是某一个人凭空想出来的；事实上，在蔡伦之前，劳动人民已经用植物纤维来造纸了。所以我们不能说纸是蔡伦发明的，但是也应该肯定蔡伦对改进造纸技术是有很大贡献的。蔡伦带领工匠改进造纸方法，造出了质量较高的纸。他提出用树皮、麻头、破布、破渔网来做原料，也是造纸技术的一大进步。这些原料来源广泛，价钱便宜，有的还是废物利用，因此可以大量生产。至于用树皮做原料，更是一个新的发现。后代人用木浆造纸，就是受到蔡伦用树皮造纸的启发。

蔡伦改进造纸方法成功，这是人类文化史上的一件大事。从此，纸才有可能大量生产，给以后书籍的印刷创造了物质条件。

造纸业逐步发达起来了

自从蔡伦改进造纸技术以后，造纸业就迅速发展起来。到了晋朝时候，纸就为人们普遍使用，代替了帛的地位。

两晋、南北朝时候，造纸的原料已经不限于树皮、麻头、破布和破渔网等东西，它的范围逐渐扩大了。

西晋的文学家张华在他写的《博物志》中说：剡（shàn）溪（现在的浙江嵊县地带）出产古藤，可以造纸，所以就把纸称为剡藤。

隋朝的虞世南辑了一部《北堂书钞》，书里引用东晋人范宁的一句话说，土纸不可作文书，文书都是藤角纸。

宋朝的赵希鹄写了一部《洞天清禄集》，书中说晋朝大书法家王羲之和他的儿子王献之，有不少字是写在会稽（kuài jī）出产的竖纹竹纸上的。

从上面这些记载中，我们知道，晋朝时候人们已经用藤和竹做造纸的原料了。

那么，范宁说的“土纸”，又是什么原料制造的呢？

有人认为这种“土纸”，就是麦秆、稻秆等粗纤维造的草纸。

在南北朝时代，北方人还用楮（chǔ）树皮造纸。那时候，有个杰出的农业科学家贾思勰（xié），写了一部著名的农业科学著作《齐民要术》。这部书在讲到北方农民种植楮树的时候说：他们煮剥树皮，虽然很辛苦，但是获利很大；如果自己能造纸，得利就更大了。这段记载告诉我们，北方农民种楮树的目的，就是为了造纸；而且煮剥树皮是造纸的一道重要工序。

造纸原料范围的扩大，对于造纸业的发展和进步有重要意义，各地就可以利用当地出产的材料来造纸了。

由于原料范围的扩大，纸的种类也越来越多，纸的质量也越来越好，生产的数量也大大增加了。

纸张多了，抄写书籍的风气就流行起来。于是，又出现了一种保护书卷纸张的新方法。人们在制造的时候，再加进一种味道非常苦涩的叫作黄檗（bò）的草药。这样的纸可以避免虫咬，长期保存。这种新方法称为“入潢”，在唐代就非常流行了。

在隋唐时候，我国造纸业更加发达起来。这跟当时的政治经济是分不开的。自东晋以来，原来经济落后的江南地区，经过劳动人民的长期努力，经济也已经上升到黄河流域的水平。隋朝结束了南北朝的长期分裂局面。到了唐朝时候，农业、手工业和商业都有很大的发展，封建经济非常繁荣。辉煌灿烂的唐代文化，是中国封建文化的高峰。这种经济繁荣、文化昌盛的局面，必然要求发展造纸业，造出更多更好的纸张，满足各方面的需要。

唐代造纸业发达的地区是相当广泛的，南方北方很多地方生产纸，好多古书上都有这方面的记载。

这时候也出现了不少大规模的造纸作坊。唐代皇甫枚的《三水小牍》里，写了这样一件事：巨鹿郡南和县街北，有个造纸作坊，墙壁上常常贴满了纸，让太阳把它晒干。一天，突然之间刮来一阵旋风，把墙壁上的纸几乎都卷了下来，这些雪白的纸漫天飞舞，远远看去，简直像雪花一样。我们从这个记载可以想见，这个纸坊的规模是相当大的。

唐代的纸张品种很多，所用的原料主要是麻、藤、楮三种。当时的益州（现在的四川）和扬州等地，都是麻纸的著名产地。藤纸的生产，也从原来的产地剡溪，逐渐推广到浙江、江西两省许多产藤的州县。

用楮树皮造的楮纸，在唐代更加流行。唐朝文学家韩愈曾把纸称为“楮先生”，就是指楮树皮造的纸。

除了上面讲的几种主要原料以外，唐朝又开始用海草、檀（tán）树皮等造纸。

大家都知道，我国的宣纸是很有名的，讲

究写字绘画的人，都喜欢使用宣纸。这种纸直到现在还是手工纸里的精品。宣纸用檀树皮和稻草造成。它洁白细密，均匀柔软，质地坚韧，经久不变色，还有吸水力强的特点。早在唐朝时候，宣纸就已经是宣州的著名产品了。

竹纸的制作过程

从宋朝开始，竹纸的产量越来越大。我国长江以南，气候温暖，竹子到处都是，生长起来也很快。所以，采用竹子做造纸原料以后，造纸业的发展就更快了。

明朝科学家宋应星，写了一部《天工开物》，里面就讲到造竹纸的方法：先把竹子截断，剖成竹片，拌了石灰浸在水塘里，再取出来煮烂，制成纸浆，然后用绷在木架上的竹帘子从纸浆面上荡过去。这样，竹帘上就留下

竹纸的制作过程

一层纤维，把这层纤维揭下来烘干，纸就制成了。

当时用石灰等蒸煮纸浆，实际上就是化学处理法。这已经是一套相当完整的造纸方法了。

传遍了世界各国

我国是第一个发明造纸法的国家。后来，纸传到了别的国家，接着造纸方法也传到了别的国家。

我国的纸和造纸方法，最先传到越南和朝鲜，又从朝鲜传到日本。西晋太康六年（公元285年），朝鲜半岛的百济国，有个学者叫王仁，带了《论语》等书到日本去，这些书都是写在纸上的手抄本。隋炀帝大业六年（公元610年），有一个朝鲜和尚昙征到日本去，他把从中国学到的造纸方法和造墨方法传给了日本人。不久，日本也能大量造纸了。

唐玄宗天宝十年（公元751）年，我国的造纸方法，又向西传到了阿拉伯。

那时候，阿拉伯有一个强大的国家，在我国的历史上叫大食。大食的疆域一度扩展到中亚细亚。公元751年，唐朝的安西节度使高仙芝带领军队，和大食的齐雅德·伊本·萨里带领的军队打了一仗。结果，高仙芝被打败，好多唐朝的士兵被俘虏去了。这些士兵中有不少造纸工人，因此，我国的造纸方法也就传到了大食国。大食国人就在撒马尔罕和其他一些城市里开办造纸厂，大量生产纸，并且把纸出口到欧洲各国去。当时欧洲各国所用的纸，都是阿拉伯人制造供应的。

纸传到欧洲以前，在很长一个时期内，欧洲人把字写在石头、蜡板、纸草、羊皮上。纸草一经折叠就会断裂，不容易保存。羊皮价钱很贵，抄写一部《圣经》，就要用三百多只羊的皮。这种用羊皮抄成的书，一般人谁买得起呀，太贵了！

阿拉伯人把纸输送到欧洲各国，欧洲人也就得到了便宜的书写材料。他们普遍用起纸来，不再使用纸草和羊皮写字了。公元1150年，阿拉伯人在欧洲的西班牙设立了造纸厂。这样，中国的造纸方法就传到了西班牙。

这时候，离蔡伦改进造纸法已经有1000多年了！后来，纸又从那里陆续传到了欧洲其他各国；到17世纪末，才传到了美洲大陆。

我国的纸和造纸方法，最后终于传遍了全世界。各国人民都用起纸来，许多国家也都能自己造纸。这样，就大大促进了各国经济和文化的发展。

印刷术

印刷术有多么重要，你也许没有想过吧？

我们每天上学，书包里都要带几本书，这些书是印刷出来的。如果没有印刷术，这些书籍都要靠人们用手抄，那我们大家一天到晚都得忙着抄书抄报，有多麻烦！

在印刷术发明以前，书籍只能靠抄写来流传。前面说到的居延出土的汉简和马王堆出土的帛书，不都是一笔一笔地写上去的吗？后来纸发明了，要想读书，还只有向人借来抄写。

一部书即使字数不多，只有几万字吧，一天抄几千字，也得花费好多天。

用手抄书，不但得花费很多时间和精力，而且抄来抄去，容易出错。所以，在印刷术发明以前，书籍的传布非常缓慢，人们想得到一本书，真是非常艰难。

印刷术发明以后，情形可就完全不同了。一本书能够在很短时间内印出几百本几千本来，既可以满足许多人的需要，又可以减少或避免错误。书印得多了，就容易普及，还容易保存，不至于失传。

下面，我们就来讲一讲我国古代发明印刷术的故事。

拓碑和印章

印刷书籍，必须有墨和纸。前面谈过，我

国在2000多年前就发明了纸。

那么，墨是在什么时候发明的呢？

五六千年前，我国在新石器时代，陶器上就已经出现了黑色图画。殷代的甲骨文，有的也是先用墨写了再刻的。

最早用的墨，是黑土或者石墨一类天然的黑色物质。“墨”这个字，就是“黑”和“土”合成的。也有人利用墨鱼的墨汁来写字。

人造墨是用松烟等制成的。湖南长沙出土的战国竹简，上面的墨色直到现在还漆黑，可能当时已经发明了墨。马王堆汉墓的西汉帛书，也是用人工造的墨书写的。东汉许慎所著的《说文解字》里，已经收有“墨”字。东汉的郑众和三国时候的曹植也都说过，墨是用松烟制成的。可见，最迟在汉朝，人们已经懂得用松烟造墨了。这种墨用于木刻印刷是非常合适的。

有了墨，又有了纸，就为印刷术的发明准备了必要的物质条件。

我国很早就有了复制文字的方法，其中和印刷术关系最密切的是拓碑和印章。

我国的石刻文字,远在春秋以前就出现了。

唐朝初年，在陕西省发现了十个石鼓，每个石鼓上都刻着一篇有韵脚的诗，内容记载着秦国的国君关于田猎方面的事情。这十个石鼓，多数人认为是春秋初期秦文公时代的东西。上面刻的字，是我国现存的最早的刻石文字。

这六个字："吾车既工吾马"是从石鼓上拓印下来的

春秋时候，刻石的风气已经相当流行了。战国初年的古书《墨子》，讲到怎样保存文字记录的时候，就提到要刻在金石上面，“金”指的是青铜器，“石”指的就是石鼓一类东西了。可惜春秋战国时代的石刻，除了这几个石鼓以外，都没有留存下来。

秦始皇统一中国以后，到处巡游刻石。这些刻石也大都像石鼓一样，形状像馒头，四面可以刻字。

到了东汉时代，石刻更加流行，又出现了刻字的石碑。东汉末年，有人看到传抄书籍，错误很多，就决定利用石碑来补救这个缺点。

汉灵帝熹平四年（公元 175 年），蔡邕（yōng）和一些官员一道要求朝廷，把一些儒家经典刻在石碑上，作为校正经书文字的标准本，宣扬儒家的思想。由于这个建议符合维护封建统治的需要，汉灵帝同意了这个办法。

于是，蔡邕亲自动手，把一些儒家经典写在石碑上，叫工人按字刻好，把石碑一块块树在当时的最高学府——洛阳鸿都门外的太学前面，让大家根据这个标准的本子抄写或者校对。

这一来，许多人都赶去抄写石碑上的文章，或者拿了书去和石碑上的文章校对。石碑刚刚树起来的时候，每天有1000多乘车辆，载着人前来观看摹写，车水马龙，拥挤极了。

公元4世纪，人们又发明了用纸在石碑上拓印的方法。石碑上刻的字，笔画都是凹进去的，这种字叫作阴文。人们把一张坚韧而柔软的薄纸先用水浸湿，敷在石碑上，然后用碎布、帛絮包扎成一个小拳头样的槌子，在石碑上轻轻地捶拍，一槌挨着一槌拍了一通之后，再在纸上刷一层墨汁。等纸稍微干一点儿，再把它从碑上揭下来，就成了黑地白字的读物，这就是拓本。这种方法就叫拓碑。

石碑越来越多,拓印的方法也越来越普遍。后来,人们又把文字刻在木板上,再加以拓印。这当然比把字刻在石碑上更加经济方便。

除了拓碑以外,印章和印刷术也有很密切的关系。印章在我国已经有3000多年的历史,直到现在还普遍地使用着。

在战国时代,官吏佩印已经成为一种制度。印章的发明和使用,当然应该比这更早。

到了汉朝时候,印章已经普遍流行。有一种用印方法,叫作“封泥”。原来,在纸发明以前,官府文件和私人书信一般都写在竹简和木简上,寄发的时候,就用绳子捆好,在打结的地方,用一块黏土封好,再用印章打在黏土上,防有人私自拆看。这种办法叫“封泥”,主要流行于秦、汉时代。

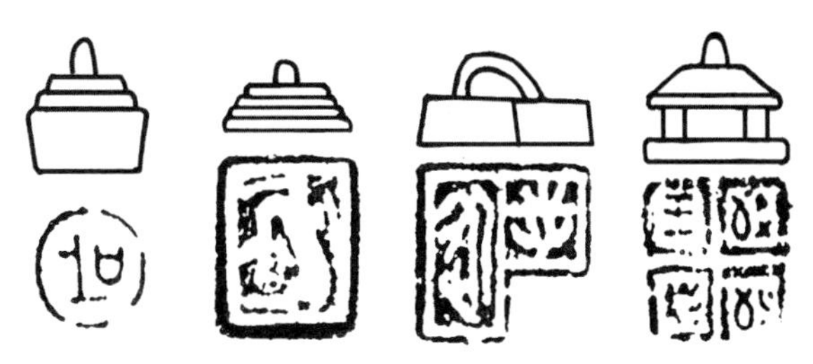

这是从战国墓中出土的四个铜印，有阳文，有阴文

保留到现在的封泥，大多是青泥，是研究古代印章的很有价值的资料。

纸流行以后,又出现了用印色盖印的方法。

印章的面积本来很小，只能容纳姓名或者官名等几个字。到了东晋时候，有些道教徒为了散发他们的符咒，就扩大了印章的面积。有一颗雕刻符咒的印章，在四寸见方的枣木上面刻了 120 个字，这已经是一篇短短的文章了。到了南北朝时候，出现了更大的木印，有一颗木印长一尺二寸，阔二寸五分，简直是一块相当大的木版雕刻了。

拓碑和印章，都能复制文字和图画。它们

是印刷术的先驱。有了这两种方法，就为印刷术的发明开辟了道路。

雕版印刷术的发明

自从有了纸，随着经济文化的发展，读书的人多起来了，对书籍的需求量也大大增加。

晋朝初年，官府有书 29945 卷。南北朝时期，梁元帝在江陵有书籍 7 万多卷。隋朝嘉则殿中藏书有 37 万卷，这是我国古代国家图书馆最高的藏书记录。

除了官府藏书，私人藏书也越来越多。印刷术发明以前，只有官府和富人才能有许多藏书，一般人要得到一两本书也很不容易，因为那时的书都是手抄本。手抄本得花费多少人力呀！怎么能够满足社会上的需求呢？

一项科学发明，只要社会上迫切需要它，

同时又有产生它的物质条件，那么，它就会很快出现。雕版印刷术的出现就是这样。

在雕版印刷术出现以前，社会上已经广泛应用印章和拓碑。印章有阳文和阴文两种，阳文刻的字是凸出来的，阴文刻的字是凹进去的。如果使用阳文印章，印到纸上就是白地黑字，非常醒目。但是印章一般比较小，印出来的字数毕竟有限。

刻碑一般用阴文，拓出来的是黑地白字，不够醒目。而且拓碑的过程比较复杂，用来印制书籍也不方便。但是，拓碑有一大好处，那就是石碑面积比较大，一次可以拓印许多字。

我国劳动人民取长补短，在拓碑和印章这两种方法的启发下，发明了雕版印刷术。雕版印刷的方法是这样的：

把木材锯成一块块木板，把要印的字写在

薄纸上，反贴在木板上，再根据每个字的笔画，用刀一笔一笔雕刻，刻成阳文，使每个字的笔画突出在板上。木板雕好以后，就可以印书了。印书的时候，先用一把刷子蘸了墨，在雕好的板上刷一下，接着，用白纸覆在板上，另外拿一把干净的刷子在纸背上轻轻刷一下，把纸拿下来，一页书就印好了。一页一页印好以后，装订成册，一本书也就成功了。这种印刷方法，

我国古代雕刻木版的作坊

是在木板上雕好字再印的，所以大家称它为“雕版印刷”。

我国的雕版印刷是在什么时候发明的呢？对这个问题，历史学家还没有统一的意见，但多数人认为是在唐朝时候发明的。

在隋末唐初，由于大规模的农民起义，推动了社会生产的发展，文化事业也跟着繁荣起来，客观上产生雕版印刷的迫切需要。

根据明朝时候邵经邦《弘简录》一书的记载：唐太宗的皇后长孙氏收集妇女典型人物的故事，编写了一本叫《女则》的书。贞观十年（公元636年），长孙皇后死后，唐太宗下令用雕版印刷把它印出来。

《女则》的印行年代可能就在这一年，也可能稍后一些。这是我国文献资料中提到的最早的刻本。从这个资料看，可能当时民间已经开始用雕版印刷来印行书籍了。雕版印刷发明的年代，一定要比《女则》出版的年代更早。

到了 9 世纪的时候，我国用雕版印刷来印书已经相当普遍了。

唐朝时候，有个杰出的诗人叫白居易。他把自己写的诗编成了一部诗集——《白氏长庆集》。长庆四年（公元 824 年），白居易的朋友元稹（zhěn）给《白氏长庆集》写了一篇序文，序文中说：当时人们把白居易的诗“缮（shàn）写模勒”，在街上贩卖。

从前人们把刻石称为“模勒”，到了唐代，也就把雕版称为“模勒”了。这里的“模勒”两字就是雕版印刷的意思。

《旧唐书》还有这样一条记载，大和九年（公元 835 年）十二月，唐文宗下令各地，不得私自雕版印刷历书。

这是怎么一回事呢？根据另外一些古书的记载，情况是这样：当时剑南、两川和淮南道有人私自用雕版印刷历书，在街上出卖。颁布历法是封建帝王的特权，东川节度使冯宿为了维护朝廷的威信，就奏请禁止私人出版历书。历书关系到农业生产，农民非常需要，一道命令怎么禁得了呢？虽然唐文宗下了这道命令，民间刻印的历书仍旧到处风行。

唐僖宗中和元年（公元 881 年），有两个人印的历书，在月大月小上差了一天，发生了争执。地方官知道了，就说："相差一天半天又有什么关系呢？"历书怎么可以差一天呢？那个地方官的说法，真叫人笑掉了牙。这件事情也告诉我们，单是在一个地方，就起码有两家以上印刷历书。

据记载，当时成都的书店里有好多关于阴

阳、杂记、占梦等方面的书籍，这些书大多是雕版印刷的。可见当时成都的印刷业比较发达。

现在保存下来的我国最早的雕版印刷书籍，是唐朝咸通九年刻印的《金刚经》。咸通九年是公元 868 年，离现在已经 1000 多年了。这 1000 多年前的印刷品，是怎样保存下来的呢？这里还有一段故事。

甘肃省敦煌东南有座鸣沙山，早在晋朝时候，有一些佛教徒在这里开了山洞，雕刻佛像，建筑寺庙，后来人们就把这里称为“千佛洞”。1900 年，有一个王道士在修理洞窟的时候，无意中发现了一个封闭的暗室，里面堆满了一捆捆的纸卷，其中有相当多的纸卷是唐代抄写的书籍，还有一卷是唐代刻印的《金刚经》。

这部《金刚经》长约一丈六尺，高约一尺，是由七张纸粘连而成的卷子。卷首有一幅画，上面画着释迦牟尼对他的弟子说法的神话故事，神态生动，后面是《金刚经》的全文。卷末有一行文字，说明是咸通九年刻印的。

这本书也是世界上现存的最早的雕版印刷书籍。图画是雕刻在一块整版上的，也许是世界上最早的版画。令人愤怒的是，这本极其珍贵的古书，后来竟被西方国家的人偷走了。

到了五代时候，有个官僚叫冯道。他看到江苏、四川等地人民贩卖的各种印本书籍，单单没有儒家经典，就在后唐长兴三年（公元932年），向皇帝建议雕版印刷儒家经典。当时共印九种经书，经历了四个朝代，直到后周广顺三年（公元953年），先后花了22年的时间，才全部刻成。因为这次刻书影响比较大，后来竟有人认为印刷术是五代时候冯道发明的，这当然是错误的。

唐咸通《金刚经》

到了宋朝时候，印刷业更加发达起来，全国各地到处都刻书。北宋初年，成都印《大藏经》，刻版13万块；北宋政府的中央教育机构——国子监，印经史方面的书籍，刻版10多万块。从这两个数字，可以看出当时印刷业规模之大。宋朝雕版印刷的书籍，现在知道的就有700多种，而且字体整齐朴素，美观大方，后来一直为我国人民所珍视。

宋朝的雕版印刷，一般多用木板刻字，但也有人用铜质板雕刻。上海博物馆收藏有北宋“济南刘家功夫针铺”印刷广告所用的铜版，可见当时也掌握了雕刻铜版的技术。

彩色套印的发明和发展

在手抄书时代，有些书是用两种颜色抄写的。例如，南北朝时期，有人把我国最早的一本药物学专著《神农本草经》和陶弘景写的《本草集注》合成一本书。抄写的时候，用红色抄写《神农本草经》原文，用黑色抄写陶弘景所写的注文。由于用了不同的颜色，原文和注解的区别很明显，阅读起来非常方便。

雕版印刷术发明以后，在很长一段时间内，只能用一种颜色印刷。那么，怎样才能印刷需要两种颜色的书籍呢？

经过长期的研究，人们终于在雕版印刷术的基础上发明了套版印刷。

北宋初年（公元 10 世纪末和 11 世纪初），随着工商业的发展，我国出现了用纸制造的钱券，当时称为“交子”。这是世界上最早的纸币。为了防止伪造，四川民间流通的交子盖满了红黑两色的印记。接着，宋朝政府又制造三色交子，用红、蓝、黑三种颜色，在交子上盖了六颗带花纹装饰的印记，有的印记还刻着故事性的图画。这已经有点儿类似套版印刷了。

到了 14 世纪中叶，元朝末年，我国终于发明了用红黑两色来套印书籍，办法是刻两块大小一样的木版，一块刻上要印红色的字或画，一块刻上要印黑色的字或画，分两次印刷。这两块版版框要完全吻合，使颜色套准。

1941 年，我国发现了一部元朝至元六年（公元 1340 年）刻印的《金刚经》。这部《金刚经》就是两色套印的。这是现在所知道的最早的木刻套印本。它比欧洲第一本带色印的《梅因兹圣诗篇》要早 117 年。

明朝初期和中期，我国的农业、手工业和商业都比较发达，城市经济欣欣向荣，人们对文化的需要也随着增加了。就在 16 世纪末，明朝万历年间，彩色套印进一步发展和流行起来，甚至出现了彩色印刷的画集。

到 17 世纪初，在套版的基础上，人们又创造了饾（dòu）版印刷的办法，把木刻画的彩印术提高到一个崭新的水平。饾版是把同一版面分成若干大小不同的版，每块版代表版面的一部分，分别刷上不同的颜色，逐个地印到同一张纸上，拼集成为一个整体。用这种方法印出来的图画，颜色深浅浓淡，跟原画完全一样，最能保持中国画的艺术特色，现在通常称为木刻水印。利用木刻水印技术印制出来的古代名画，完全跟真迹一模一样，简直很难分辨出来。

毕昇发明活字版

雕版印刷发展为木刻水印，主要用来印刷书法、绘画等艺术品。现在，我们再回过头来谈谈在印刷书籍方面，印刷术是怎么发展的。

说起印刷书籍，雕版印刷的确是一个伟大的创造。一种书，只雕一回木版，就可以印很多部，比用手写不知要快了多少倍。

可是用这种方法，印一种书就得雕一回木版，费的人工仍旧很多，无法迅速地、大量地印刷书籍。有些书字数很多，常常要雕好多年才能雕好，万一这部书印了一次不再重印，那么，雕得好好的木版就完全没用了。

有什么办法改进呢？

到了11世纪中叶（宋仁宗庆历年间），有个发明家叫毕昇，终于发明了一种更进步的印刷方法——活字印刷术，把我国的印刷技术大大提高了一步。

毕昇用胶泥做成一个一个四方长柱体，一面刻上单字，再用火烧硬，这就是一个一个的活字。印书的时候，先预备好一块铁板，铁板上面放上松香和蜡之类的东西，铁板四周围着一个铁框，在铁框内密密地排满活字，满一铁框为一版，再用火在铁板底下烤，使松香和蜡等熔化。另外用一块平板在排好的活字上面压一压，把字压平，一块活字版就排好了。它同雕版一样，只要在字上涂墨，就可以印刷了。

为了提高效率，他准备了两块铁板，组织

两个人同时工作，一块版印刷，另一块版排字；等第一块版印完，第二块版已经准备好了。两块铁板互相交替着用，印得很快。

毕昇把每个单字都刻好几个；常用字刻20多个。碰到没有预备的冷僻生字，就临时雕刻，用火一烧就成了，非常方便。印过以后，把铁板再放在火上烧热，使松香和蜡等熔化，把活字拆下来，下一次还能使用。

创制活字版的发明家毕昇

这就是最早发明的活字印刷术。这种胶泥活字，称为泥活字。毕昇发明的印书方法，和今天的比起来，虽然很原始，但是活字印刷术的三个主要步骤——制造活字、排版和印刷，都已经具备了。所以，毕昇在印刷方面的贡献是非常了不起的。北宋时期的著名科学家沈括在他所著的《梦溪笔谈》里，专门记载了毕昇发明的活字印刷术。

活字印刷术的发展

元朝时候，有人用锡做活字，这是世界上最早的金属活字。可是锡不沾墨，印出的字不清楚，所以没有通行。

也是在元朝，又有一个著名的学者王祯，发明了用木活字印刷书籍的方法。

元成宗元贞元年（公元 1295 年），王祯被派到安徽旌德当县尹，一连当了六年。在公元1297年到1298年间，他设计了一套木活字。他先在一块木板上刻好字，再用小锯子把每个字锯开，使每个字成为单独一小块，再用刀四面修光，每一块都修得一样大小。排版的时候，把木活字一个个排到木盘里去，排了一行，就用削好的竹片隔开；一块排满了，又用削好的小木片把有空隙的地方塞紧，使木活字不能移动。这样，就可以印书了。

王祯造的木活字一共有3万多个。元成宗大德二年（公元1298年），他用这套木活字排印自己纂修的《大德旌德县志》，全书6万多字，不到一个月，就印成了100部。

王祯不但创造了木活字，还发明了转轮排字架。他用木材做成两个直径约七尺的大轮盘，一个叫韵轮，一个叫杂字轮，轮盘里有一个个格子。不常用的木活字，按韵分类，摆在韵轮的格子里；常用的字，摆在杂字轮的格子里。排版的时候，一个人按原稿念，一个人坐在两个轮架中间，转动韵轮或杂字轮拣字，非常方便。

王祯发明的轮盘检字法

王祯是个有名的农业科学家，他写了一部《农书》，他发明的木活字印刷法，被系统地附载在《农书》中。

木活字印刷法还流传到其他民族中间。敦煌千佛洞中，就曾经发现元代维吾尔文的木活字好几百个。这些木活字，也被西方国家的人偷走了。

到了明清两代，木活字已大大流行起来。清乾隆三十八年（公元 1773 年），清朝政府曾经刻成大小枣木字 25.35 万个，先后印成《武英殿聚珍版丛书》134 种，2300 多卷。这是我国历史上规模最大的一次木活字印书。

对亚洲和欧洲的影响

大约在唐朝时候，我国的印刷术首先传到了朝鲜。到 10 世纪的时候，朝鲜也用雕版印刷的方法来印书了。

毕昇发明活字印刷以后，朝鲜又开始用泥活字等方法印书，后来又采用木活字印书。到了 13 世纪，他们首先发明用铜活字印书，后来还创造了铅活字、铁活字等。

16世纪末，日本侵入朝鲜，把朝鲜的铜活字和木活字抢去不少。于是，日本人也学会了活字印刷术。

我国的印刷术还传到了越南。15世纪，越南开始用雕版印刷术的方法印书。18世纪初，他们也开始用木活字印书了。

欧洲印刷术的产生，也受了我国印刷术的深刻影响。元朝时候，到中国来的欧洲人很多。在他们写的游记中，对于中国的纸币记载得很详细。

当时到中国来的欧洲人，很多住在杭州等地。杭州的书坊非常多，刻印工人的技巧也非常熟练。有的欧洲人在那里住过好几年，所以很自然地就把印刷术带回欧洲去了。

14世纪末，欧洲就开始有了雕版印刷品。他们最初印刷画像，接着就用雕版印刷书籍。

他们的印刷方法和中国相同，说明欧洲的雕版印刷术是在中国的影响下产生的。欧洲最早使用活字印刷的，是德国人谷腾堡，大约在公元1440年到1448年间。谷腾堡使用活字印刷，比毕昇使用活字印刷，晚了400多年。

指南针

在很早的时候，我国就发明了指南针。

指南针是一种指示方向的工具。我们现在看到的指南针，是一个圆形的小罗盘，罗盘中装着一根小针。这根小针中间粗，两头尖，能够在盘中来回旋转。不管你把盘子怎样转动，小针总是一头指向南方，另一头指向北方。因为指南针和罗盘结合在一起，通常把它叫作罗盘针。

指南针虽然是个小小的东西，用处却大得

很。比如航海啦、航空啦、勘查啦、探险啦，都离不开指南针。

从“吸铁石”说起

指南针是磁铁做成的。磁铁能吸铁，通常称为“吸铁石”，古代称为“慈石”。因为它一碰到铁就吸住，好像一个慈祥的母亲吸引自己的孩子一样。后来，人们才称它为“磁石”。

每块磁铁两头都有不同的磁极，一头叫S极，另一头叫N极。我们居住的地球，也是一块天然的大磁体，在南北两头也有不同的磁极，靠近地球北极的是S极，靠近地球南极的是N极。我们知道，同性磁极相排斥，异性磁极相吸引，所以，不管在地球表面的什么地方，拿一根可以自由转动的磁针，它的N极总是指向北方，S极总是指向南方。

指南针是利用磁铁的特性做成的，世界上是哪个国家最早发现磁铁和它的特性的呢？

2000 多年以前，也就是春秋战国时候，我国已经用铁来制造农具了。人们在寻找铁矿时，就发现了磁铁，并且知道它能够吸铁。

我国古书《管子》上记载："上有慈石者，下有铜金。""铜金"就是一种铁矿。《管子》这部书产生在公元前 3 世纪，这说明我国最迟在公元前 3 世纪就知道磁石能够吸铁了。

还有这样一个传说，秦始皇统一中国以后，在陕西咸阳造了一个很大的阿房宫，阿房宫中有一个磁石门，完全用磁铁造成。如果有谁带着铁器想去行刺，只要经过那里，磁石门就会把这个人吸住。

另外，根据古书记载，汉武帝时候，胶东有个栾大，献给汉武帝一种斗棋。这种棋子是用磁石做的，能互相吸引碰击，汉武帝看了非常惊奇。

最早的“指南针”

战国时代，人们利用磁铁造成了一种指示方向的工具，叫“司南”。司南的形状和现在的指南针完全不同。它是根据我国古代的勺子的形状制成的，很像我们现在用的汤匙。

司南是怎样制成的呢？古书上缺少详细的记载，又没有实物留下来，所以我们没有办法知道它的准确形状。根据专家们的研究，司南大约是把整块的天然磁铁轻轻地琢磨成勺子的形状，并且把它的S极琢磨成长柄，使重心落

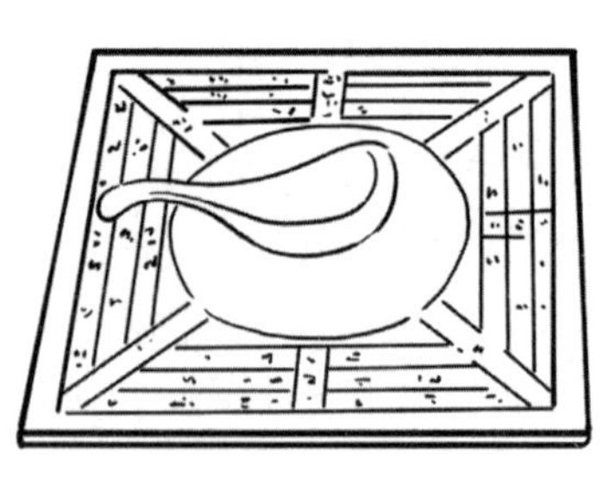

司南，它很像一把勺子

在圆而光滑的底部正中。

司南做好以后，还得做一个光滑的底盘。使用的时候，先把底盘放平，再把司南放在底盘的中间，用手拨动它的柄，使它转动。等到司南停下来，它的长柄就指向南方，勺子的口则指向北方。

司南的底盘有的是用青铜做的，有的是个涂漆的木盘，青铜和漆器都比较光滑，摩擦的阻力比较小，司南转动起来会很灵活。这种底盘内圆外方，四周还刻有表示方位的格线和文字。现在的出土文物中，就有这样的铜盘和涂漆的木盘。还有东汉时候的一幅石刻，刻着一个小勺子放在一个小方台上，有人认为这就是司南。

司南是世界上最早的“指南针”。战国时候，有人去荒山中采玉，怕迷路，就带上司南。

司南必须放在光滑的底盘上旋转，底盘还必须放平，否则就会影响它指南的作用，甚至会使它从底盘上滑下来。因此，人们发明司南以后，又继续不断地研究改进指南的工具。

指南鱼和指南龟

北宋时期，农业、手工业和商业都有了新的发展。在这个基础上，科学技术的发展也取得了辉煌的成就。

大约在北宋初年，我国又创制了一种指南工具——指南鱼。

当时有一部有名的军事著作，叫《武经总要》，其中说：行军的时候，如果遇到阴天黑夜，无法辨明方向，就应当让老马在前面带路，或者用指南车和指南鱼辨别方向。

《武经总要》这部书是在北宋仁宗庆历四年（公元1044年）以前写成的。这就是说，还在900多年以前，我国已经有了指南鱼，并且把它应用到了军事方面。

指南鱼是一种什么样的东西呢？据《武经总要》记载：它是用一块薄薄的钢片做成的，形状很像一条鱼。它有两寸长、五分宽，鱼的肚皮部分凹下去一些，使它像小船一样，可以浮在水面上。

钢片做成的鱼，本来没有磁性，不能起指南的作用，还必须再用人工磁化的方法，使它变成磁铁，具有磁性，才能指南。

《武经总要》对人工磁化的方法做了记载，这就是：先把钢片做成的“鱼”放在炭火里烧得通红，然后用铁钳钳着鱼头，拿出火外，再把鱼尾正对北方，蘸水盆中（使鱼尾浸在水里），然后放在一个密封的盒子里藏起来。这样，钢片鱼就被磁化成指南鱼。根据这个记载来看，当时采用的方法是地磁场磁化法。

我们知道，不论是在磁化了的还是没有磁化的钢铁里面，每一个分子都是一根“小磁铁”。没有磁化的钢条，它的分子排列毫无次序，各个“小磁铁”的磁性都互相抵消了。而经过磁化的钢条，所有的“小磁铁”都整齐地排列着，同性的磁极朝着一个方向，整个钢条就具有磁性了。如果把一根钢条烧红，钢条内部的分子就处于运动状态。由于地球带有巨大的磁性，在它的周围形成很大的磁场，把烧红的钢条沿着地球磁场的方向冷却，就能通过地球磁场的作用，使钢条中的分子顺着一个方向排列。这样，钢条就被磁化了。这就是地磁场磁化法。《武经总要》里面还讲到，把用这种方法磁化的指南鱼，同天然磁铁一起放在一个密封的盒子里，为的是使它保持磁化或继续磁化。

用人造磁铁做指南鱼，说明我国在宋朝的时候，就已经具有相当丰富的关于物体磁性的知识了。

使用指南鱼，比使用司南要方便，它不需要再做一个光滑的铜盘，只要有一碗水就可以了。盛水的碗即使放得不平，也不会影响指南的作用，因为碗里的水面总是平的。而且，由于液体的摩擦力比固体小,转动起来比较灵活，所以它比司南更灵敏，更准确。

当时不但有钢片做的指南鱼，还有用木头做的指南鱼和指南龟。宋代《事林广记》记载了用木头做指南鱼的方法：用一块木头刻成鱼的样子，像手指那样大，从鱼嘴往里挖一个洞，拿一条磁石放在里面，使它的 S 极朝外，再用黄蜡封好口。另外用一根针从鱼口里插进去，指南鱼就做好了。把指南鱼放到水面上，鱼嘴里的针就指向南方。

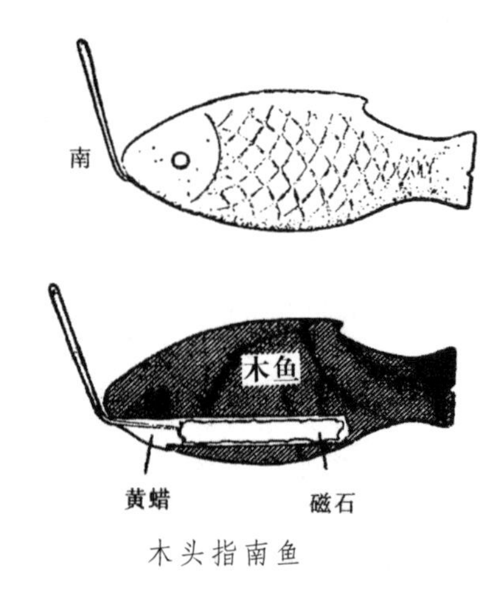

木头指南鱼

指南龟也是用木头刻成的，放磁铁的办法和木头指南鱼一样，插在尾部。指南龟不放在水里，人们在它的肚子下面挖一个洞，把它装在光滑的竹丁上面，使它便于自由转动，它尾部的那根针，也会自动指向南方。

沈括的四种方法

钢片指南鱼发明不久，人们拿一根钢针，放在磁铁上磨，使钢针变成磁针。这种经过人工传磁的钢针，可以说是正式的指南针了。

北宋时候有个著名的大科学家，名叫沈括。他在自然科学方面有很多杰出的贡献。他写了一部《梦溪笔谈》，书中提到关于指南针的用法，他曾经做过四种实验：

沈括

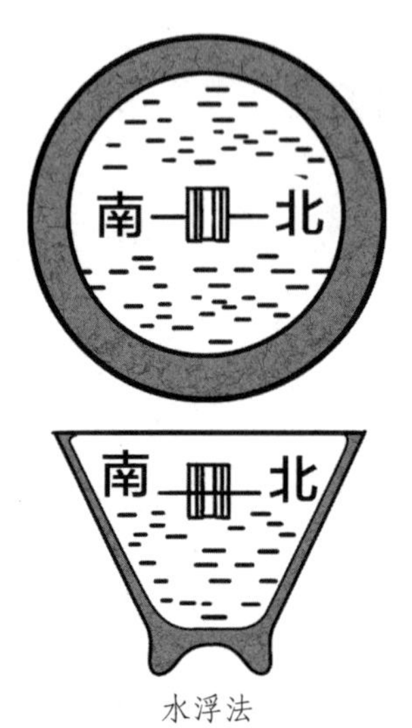

水浮法

第一种是水浮法——把指南针放在有水的碗里，使它浮在水面上，指示方向。针怎么能浮在水面上呢？沈括没有说明。北宋晚期，有个寇宗奭（shì），编了一部《本草衍义》，书中讲到在指南针上穿几根灯草，就可以浮在水面上了。沈括的水浮法，可能也是这样的。

第二种是指甲旋定法——把磁针放在手指甲面上，使它轻轻转动。手指甲很光滑，磁针就和司南一样，也能旋转自如。

第三种是碗唇旋定法——把磁针放在光滑的碗口的边上。

第四种是缕悬法——在磁针中部涂蜡，粘

上一根细丝线，挂在没有风的地方。

根据实验，沈括认为这四种方法，要算缕悬法最好。因为用指甲旋定法和碗唇旋定法，磁针很容易滑落，用水浮法，水也动荡不定，缕悬法却没有这些缺点。

沈括在《梦溪笔谈》中记载的这四种方法，可以说是世界上指南针使用方法的最早记录。

这四种方法，有的仍然为近代罗盘和地磁测量仪器所采用。现在磁变仪、磁力仪的基本结构原理，就是采用缕悬法。航空和航海使用的罗盘，就多以水浮磁针作为基本装置。沈括在 900 多年前就提出了这四种方法，真不愧是一位注重实际的科学家。

沈括还有一个重要的发现。他在《梦溪笔谈》中讲到，磁针虽然朝着南方，但是指的不是正南，而略微偏东。这一现象，在科学上叫作“磁偏角”。“磁偏角”又是怎么一回事呢?

那是因为地球上的磁极,和地质上的南极、北极稍许有一些偏差。所以磁针的南北线和地球的子午线是不一致的。这在科学上叫作“磁偏角”,又称为“磁差”或“偏差”。磁偏角的数值,在全球各地是不相同的。在西方,直到公元1492年哥伦布横渡大西洋时,方才发现磁偏角,比我国迟了400多年。

海船有了“眼睛”

我国的海上交通,很早就已经开始了。2200多年前,秦始皇为了寻找仙药,就曾派人乘着大船大规模地航海了。

秦汉以后,由于社会生产力的发展,我国的航海事业逐渐发达起来。晋朝的和尚法显,曾经走海路到过印度,他写的《佛国记》中记载，那时候一只海船大约可以乘坐 200 人。

到了唐代，海船有的长达 20 丈，可以乘坐六七百人，可见规模之大。当时，中国海船的活动范围，东起广州，西至波斯湾，是南洋各国之间海上运输的重要力量。

在指南针发明以前，在大海里航行是非常困难的。白茫茫的一片大海，水天相连，很难找到目标。白天，人们可以看太阳的升落来辨别方向；夜晚，可以看北极星。可是，遇到阴天下雨，太阳和北极星都看不见，就难找到方向了。假如航向错了，就会遇到危险。这个问题直到指南针发明以后才得到解决。根据古书记载，最晚在北宋时期，我国已经在海船上应用指南针了。

到了南宋，根据吴自牧《梦粱录》的记载，当时航海的人已经用“针盘”航行。这就说明

明代铜做的罗盘

当时指南针和罗盘已经结合在一起了。

这种罗盘，有用木头做的，也有用铜做的，盘的周围刻上东南西北等方位。人们只要把指南针所指的方向，和盘上所刻的正南方位对准，就可以很方便地辨别航行的方向了。

明朝时候，我国是世界上经济比较发达的国家，需要同海外各国加强经济文化交流。明朝初年，政府就曾经派郑和进行了大规模远航。从公元1405年到1433年，共航海七次。那时候，我国把现在的南洋群岛和印度洋一带称为“西洋”。郑和七次下“西洋”，这在历史上是非常有名的。

郑和领导的船队，共有2.7万多人，乘坐大船60多艘。这些大船称为“宝船”。最大的“宝船”，长40丈，阔18丈，是当时海上最大的船只。这些船上就有罗盘针和航海图，还有专门测定方位的技术人员。这支船队到过印度支那半岛、南洋群岛，以及印度、波斯和阿拉伯的许多地方，最远到过非洲东岸，前后经过30多个国家。在这样多次大规模的远航中，罗盘针起了相当大的作用。

我国不但是世界上最早发明指南针的国家，而且是最早把指南针用在航海上的国家。这件事在人类文化史上有非常重要的意义。海船从此有了眼睛，人们在海上航行，再也不怕迷失方向，航海事业就更加发达了，这当然促进了各国之间的经济贸易和文化交流。

有了指南针，人们在航行中还慢慢地摸出一条条航路来。元明时候，我国有好多书记载着到海外各国去的航路。这些航路，因为是依靠指南针得来的，所以当时称为“针路”。明朝时候，航海图也出现了。郑和多次远航时，都带着这种航海图。

早在北宋时候，我国的海船就往来在南海上和印度洋上。我国的海船一直开到阿拉伯，和阿拉伯人做生意，阿拉伯人到我国来的也很多，而且大多是乘中国船来的。他们看到中国船都用指南针，也学会了制造指南针的方法，并把这个方法传到了欧洲。到了12世纪末、13世纪初，阿拉伯和欧洲的一些国家，也开始用指南针来航海。15世纪末到16世纪初，欧洲各国航海家开辟了新航路，发现了美洲大陆，完成了环绕地球的航行，他们用来辨别方向的法宝，就是指南针。

再来讲讲指南车

指南针的发明经过，我们已经讲了。有的朋友可能要问：我国古代还有一种指南车，它和指南针又有什么关系呢？

指南车虽然也是一种指示方向的工具，可是它的制造方法和原理，跟指南针没有一点儿相同的地方。关于指南车，曾经有两个古老的传说：

相传在4000多年以前，我国南方的九黎族首领蚩尤带领九黎族进入了中部地区，和炎帝族、黄帝族进行了一次激烈的战争。这次战争是在涿鹿进行的，所以称为“涿鹿之战”。

在战争中，恰巧发生了大雾。黄帝为了克服雾中作战的困难，就发明了一种指南车，来指示方向。有了指南车，他的军队在大雾中就不再迷失方向，最后终于打败了九黎族。

还有一个传说：在3000多年以前，南方有一个叫越裳氏的部族，带了礼物到西周来朝贡。西周的统治者周公担心越裳氏的使臣在回去的路上迷失方向,就特地造了指南车送给他。

因为这两个传说很动人，就有人认为指南针是黄帝和周公发明的。这两个传说其实是不足为凭的。指南针的发明，同黄帝和周公毫无关系。

那么,我国古代有没有人发明过指南车呢?

根据历史记载，我国东汉时候杰出的科学家张衡发明过指南车，可是他的制造方法不久就失传了。到了三国时候，有个叫马钧的发明家，曾经重新造出了指南车。

这种指南车相当大，要用马拉着走。车厢上面站着一个木头人，不管车子怎么改变方向，木头人的右手一直指向南方。

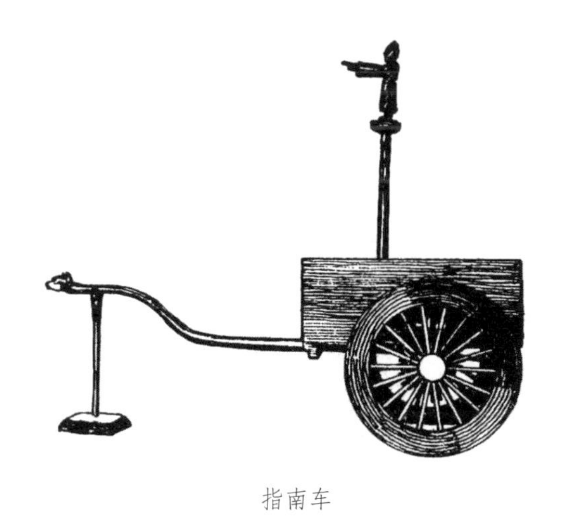

指南车

这是怎么回事呢？莫非那个木头人的手臂里也装了磁铁吗？不是的，指南车和磁铁没有一点儿关系。原来在指南车的车厢里，装着非常巧妙复杂的机械。它的中央有一个大平轮，木头人就竖立在上面；在大平轮的两旁，还装着很多小齿轮。如果车子向左转，右边的车轮就会带动小齿轮，小齿轮再带动大平轮，使大平轮相反地向右转。如果车子向右转，道理也一样。因此，只要在指南车开动以前，先让木头人的右手指向南方，以后车子不论是向左转还是向右转，木头人的右手就总是指向南方。指南车是利用齿轮的原理制造的。我国在东汉时候，就能在机械工程上利用齿轮的原理，创造出巧妙的指南车，这也是很了不起的。这种指南车，可以说是世界上最早的自动化设备。

张衡、马钧以后，我国又有一些科学家能造指南车，古代历史书上都有记载。现在，位于北京的中国国家博物馆里就陈列着一辆指南车。这是根据历史上记载的方法仿制的。

火　药

每逢重大的节日，我们常常放爆竹，放焰火，表示庆祝。爆竹噼噼啪啪，响个不停，焰火五彩缤纷，绚烂多彩，使节日充满了欢乐的气氛。

爆竹和焰火是用什么东西做的呢？

它们就是用火药做成的。

世界上最早发明火药的就是中国。

我国发明的火药，现在叫作黑色火药，也叫作褐色火药，通常称“黑火药”或者“黑药”。

黑色火药是用硝石、硫黄和木炭这三样东西研成粉末，按照一定的比例混合起来做成的。硝石、硫黄和木炭的比例，一般是75∶10∶15。

火药这东西，有个怪脾气，就是特别爱“生气”。人们只要用火一点，它马上就燃烧起来。燃烧以后，它产生的气体突然比它原来的体积扩大上千倍，所以有强烈的爆炸能力。

火药不但可以做爆竹、焰火，还有更大的用处。我们制造枪弹和炮弹，开矿、开山、筑路、修渠等，也都要用火药。火药在我们的国防建设和经济建设中作用很大，是不能缺少的东西。

我国古代发明的黑色火药是一种低级炸药，它的爆炸能力和自动燃烧的速度，都远远赶不上近代的高级炸药。近代的高级炸药是用硝化纤维和硝化甘油等做的，和黑色火药并不相同，可是它们都是从我国古代的黑色火药发展来的。

这里，我们就来讲一讲我国古代发明火药的经过。

着“火”的“药”

火药为什么叫“火药”呢？

把它同“火”联系起来，这很好懂，因为它特别容易着火，有强烈的爆炸能力。

但是，它为什么又同“药”联系在一起呢？

要说清楚这个问题，还得先从黑色火药的三种成分——硫黄、硝石和木炭讲起。

硫黄是一种矿物。大约在西汉年间，我国湖南发现了丰富的硫黄矿。以后，在山西、河南等省，也陆续发现了硫黄矿。西汉刘安的《淮南子》一书中，就有关于硫黄的记载。

硝石也是一种矿物，出产在四川、甘肃一带。在华北各地，许多低温的地方，如墙根上，常常长着硝的细微白色结晶，叫作“墙霜”。在古代，这大概是硝石的主要来源。硝石在古代名称很多，有的人称它烟硝或火硝，因为它能发烟发火；有的人称它为苦硝，因为它有苦味；有的人称它为地霜，因为它出产在地上，颜色如霜。我国西汉时候有一部《神农本草经》，共载药物365种，硝石就是其中的一种。可见硝石大约也是西汉时候发现的。

木炭是非常普通的东西。在古代，人们砍了树木，把它烧成木炭，拿来做燃料。它出现的年代，当然比硫黄和硝石早得多。

这三样东西，除了木炭，当时都是做药用的。

由于硫黄和硝石都是医病的药，又因为这

两样东西和木炭合在一起会发火，因此大家就把这三样东西的混合物叫作“火药”。它的意思就是“着火的药”，或者“发火的药”。

“火药”这个名称，就是这样来的。

炼丹术和火药

早在殷商时候，我国就开始大量生产青铜器了。当时的青铜器造型复杂，说明我国冶铸技术已经相当发达。我国冶铁也有悠久的历史。大约在春秋中期,我国已经发明生铁冶炼技术，春秋后期已经出现铸铁工具。战国、秦汉以来，我国的炼钢技术也有较高的成就。劳动人民在冶炼金属的过程中，积累了丰富的化学知识，也创造了很多的采矿和冶金方法。

在战国到西汉时期，有些人把冶金技术运用到炼制矿物药方面,梦想炼出仙丹或金银来。

这就产生了炼丹术，同时也出现了炼丹术士。他们虽然没有炼成仙丹、炼出金银，却在一次又一次的冶炼过程中，积累了不少的冶炼经验和化学知识，对促进我国古代化学的发展，起了不小的作用。我国火药的发明和发展，也跟炼丹术士有很大的关系。

根据历史记载，战国时候，北方的燕国已经有不少人搞炼丹术了。到了秦汉时候，炼丹术有了进一步的发展。炼丹术士纷纷建造炼丹的炉灶，找来一些矿物和植物，炼丹制药。

我国很早就出现了讲炼丹的著作。东汉末年有个魏伯阳，写了一部《周易参同契》，专讲炼丹。书中提到炼丹所用的一些矿物，其中就有硫黄。这部书不但是我国现存最古老的炼丹著作，在世界上也是最古老的。

魏晋南北朝是一个炼丹风气盛行的时代。

东晋时候，有一个著名的炼丹术士叫葛洪，写了一部完整的炼丹著作——《抱朴子》。这部书分内篇 20 卷，外篇 50 卷。其中内篇就是专门讨论炼丹问题的。从他的著作中，我们知道他所用的炼丹原料中，就有硫黄和硝石。

唐朝初年，有名的药物学家孙思邈，也搞过炼丹。有一部叫《诸家神品丹法》的书，书里面就记载了孙思邈研制出的一种以硫黄、硝

孙思邈

石为主要成分的“伏火”。这种硫黄和硝石等量研成粉末，点着后，能够起一种类似火药的作用，可是，这还不能算火药，必须再加上木炭，并且按恰当的比例配制，才能成为真正的火药。

据宋朝初年编的《太平广记》记载，隋朝初年，可能已经有某些炼丹术士发现火药了。经过一次又一次爆炸起火和冒险实验，终于有人找到了恰当的比例，进一步把硝石、硫黄和木炭这三样东西合在一起，配制成为火药。

根据上面讲的，我们大致可以推断，火药的发明和炼丹术士有很大关系，发明的时间可能在唐代以前。由于炼丹术士喜欢保守秘密，我们现在已经无法知道火药发明的具体年代了。

用火药制造燃烧性武器

炼丹术是一种方术。在古代，方术和军事有着密切的关系。于是，火药发明以后，炼丹术士就把它提供给军事家，逐渐用到军事方面去。大约在10世纪，我国已经用火药制造武器了。

唐朝末年，天下大乱，军阀割据，战争频繁。宋朝人路振写的《九国志》里有这样一段记载：唐哀宗天祐初年（公元904年到906年），有个叫郑璠（fán）的人去攻打豫章（现在的江西南昌）。他命令士兵“发机飞火”，把豫章的龙沙门烧了，他自己带领一些人突火登城，浑身也被烧伤。

当时的“飞火”是什么东西呢？有人解释

说，这是火炮一类东西。那么，“火炮”又是什么东西呢？

要讲清楚这个问题，还得先讲一下最初的炮。原来古代人打仗，距离近了用刀枪，远了用弓箭，后来还用抛石机，这就是最初的炮。炮就是抛的意思，最早抛的是石头，所以用“石”字做偏旁，写成“砲”字。至于“火”字偏旁的“炮”字，本来指烹饪，或者制药的方法。把这个“炮”字也作为武器的名词来用，那是用了火药以后的事情了。

抛石机

抛石机这种武器，大约公元前5世纪就出现了。有部

《范蠡（lǐ）兵法》，书中就记载着："飞石重十二斤，为机发射二百步。"

军事家使用火药以后，就又利用抛石机来发射火药。郑璠用的火炮，就是拿火药包装在抛石机上，用火点着，向敌人抛过去的。因此《九国志》把这种打法称为"发机飞火"。这种火炮，可以说是最早用火药制造的燃烧性武器了。这种武器的杀伤力，就是燃烧。从《九国志》的记载来看，它的燃烧力是相当大的。

那时候，用火药制造的燃烧性的武器，除了火炮以外，还有火箭。

北宋初年，由于生产力的发展，手工业相当发达，武器的制造也不断改进。就在这时候，用火药做的火箭出现了。

早在火药使用以前，我们祖先已经发明了一种火箭，箭头上绑着一个麻布包，包里有油

用弓发射的火药箭

脂等容易燃烧的东西。但是这种火箭燃烧不快，火力不强，也很容易被敌人扑灭，所以作用不大。冯继升和唐福就利用这种火箭的制造方法，把油脂改为火药，并且加上引线。打仗的时候，只要点着引线，用弓向敌人射过去就可以了。

火炮和火箭燃烧快，火力大，不容易扑灭，在战场上的作用比弓箭和抛石机大得多。

当时，唐福还向宋朝政府献上了火球和火蒺藜两种火药武器。火蒺藜的包中除了火药以外，还装着铁蒺藜。铁蒺藜上面有尖刺，像菱角形。用火点着药线，抛出去，不但会燃烧，里面的铁蒺藜还会把敌人打伤打死。

在北宋时候，火药的应用已经相当普遍。

开封有个很大的兵工场，叫作“广备攻城作”，里面分为好多部门，其中有个“火药窑子作”，就是制造火药的作坊。

宋神宗元丰六年（公元1083年），西夏的军队进攻兰州。北宋的军队为了抵抗，曾经一次领用了火箭25万支。25万支，这在当时来讲，是多么大的一个数目呀！

有了爆炸性的火药武器

火药不但具有强烈的燃烧性，而且还有强烈的爆炸能力。就在北宋时候，我国已经开始制造爆炸性的火药武器了。

《武经总要》一书详细地记载了许多新发明的火器，其中有一种叫“霹雳火球”的火器，用火点着以后，能够发出像天上打雷一样的声音。这很可能是最早的爆炸性的火药武器。12

世纪初，生活在我国黑龙江流域的女真族强大起来，建立了金国。它不断扩张势力，占据了北方广大地区，并向北宋不断发动进攻。

公元1126年，金军围攻汴京（就是现在的河南开封）。宋朝守将李纲登城，下令发霹雳炮。这件事情说明，宋朝时候，人们已经在战争中使用爆炸性的火药武器了。

到了南宋时候，爆炸性的火药武器在战争中越来越多地被采用了。

宋高宗绍兴三十一年（公元1161年），金国的皇帝完颜亮，驱使60万军队，一直打到长江下游，企图一举灭亡南宋。危急中，南宋的大臣虞允文赶到采石（现在安徽当涂的北面），准备抵抗敌人。他整顿军队，激励士气，迅速做好了战斗的准备。

完颜亮派遣大军，驾驶船只，抢渡长江，

并亲自在江边用小旗指挥。虞允文命令宋军的战船迎战，同时派当涂县民兵驾驶一种海鳅船冲锋。这种海鳅船上面装有踏车，由人用脚踩踏，激水前进。宋军向金军的战船发动了猛烈的反攻,海鳅船上的民兵也冒着敌军射来的箭，拼命地踏车向敌船猛冲过去。同时，宋军又放一种霹雳炮，这种霹雳炮点着后，一下子升入空中，然后又降落下来，落到水中又跳出来，在敌人面前燃烧和爆炸开来，声音好像打雷；炮中还散出大量石灰，像烟雾一般，眯住了敌军的眼睛。南宋的军队趁势猛攻，金军人马很多都掉到水中。就这样，采石之战中，南宋军队利用霹雳炮取得了很大的胜利，阻止了金军的长驱直入。

宋军所用的霹雳炮，据当时一个文学家杨万里的记载,是用纸包裹石灰和硫黄等做成的。

它很可能分成两节，一节装火药，另一节装石灰，爆炸后石灰四处飞散，就能眯住敌军的眼睛。宋宁宗开禧三年（公元 1207 年），金兵攻打南宋的襄阳,襄阳守将赵淳命令放霹雳炮，金兵吓得连忙逃去。在南宋抗金的战争中，霹雳炮曾经起过一定的作用。

也就在南宋时候，我国开始用火药制造爆竹和焰火等东西。南宋的京城杭州，放爆竹和放焰火的风气很流行，很多有钱的人都买这些东西点放。从此，火药又被用到娱乐方面来了。

近代枪炮的老祖宗

南宋时候，火药的使用越来越普遍了，火器也得到了进一步的发展。

为了防御金兵的侵扰，南宋的军事家们就不断改进武器。南宋初，宋高宗绍兴二年（公元 1132 年），军事学家陈规发明了一种管形火器——火枪，这在火器史上是一大进步。

这种火枪是用长竹竿做的，竹管里装满火药。打仗的时候，由两个人拿着，点着了火发射出去，用它烧敌人。

这是我国最早出现的管形火器。把火药装在竹管里做成火枪，在火药的应用上是个了不起的进步。用抛石机发射火药，不容易准确地打中目标；有了管形火器，人们就可以比较准确地发射和适当地操纵火药的起爆了。

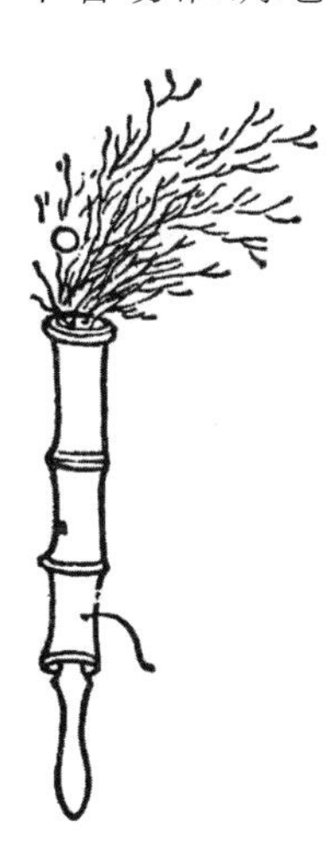
突火枪

火枪发明以后，经过不断改进，到了南宋末年，又有人发明了突火枪。

突火枪是用粗毛竹筒做成的，竹筒里放有火药，还放一种叫“子窠”的东西。用火把火药点着以后，起初发出火焰，接着子窠就射出去，并且发出像炮一样的声音。

这种子窠，究竟是什么东西呢？

它很可能就是一种最早的子弹，可惜古书上没有说明。火枪的作用只在烧人，突火枪却能发出子窠打人，比火枪又前进了一步。

火枪和突火枪都是用竹管做的管形火器，威力不大，但它们却是近代枪炮的老祖宗。

开始铸造金属火器

北宋末年，金军不断南侵。在战争中，金人也学会了制造火药和火药武器的方法。宋金双方都不断改进火药武器。到 13 世纪时，宋金双方都开始用金属制造的火药武器来打仗。

这里，就来讲几件关于金属火器的事情。

宋宁宗嘉定十四年（公元 1221 年），金军进攻蕲（qí）州（现在的湖北蕲春），每天用抛石机把“铁火炮”打进城中，数量相当多。当时，蒙古族在漠北强盛起来，同时不断进攻金的北部。金国的疆土越来越小。宋理宗绍定四年（公元 1231 年），蒙古兵攻占河中府（现在的山西永济），金将板讹可从水路逃跑，逃了几里，看到前面有条船横在那里，挡住去路，就下令放“震天雷”，把前面那条船炸毁。他自己坐的船才逃了过去。

“铁火炮”“震天雷”是什么东西呢？

它们名称不同，其实是一个东西，都是用生铁铸成的罐子，里面装着火药。发射前先计算目标远近，然后加上一定长的引线，引线点着以后，立刻用抛石机发射出去。在它刚刚到达目标的时候，引线正好点着罐里的火药，轰隆一声就炸开了。它爆炸的时候发出很大的响声，百里以外都能听见，所以叫作“震天雷”。这种武器比起弓箭和石头来，又厉害得多了。

宋理宗绍定五年（公元1232年），蒙古兵向金军占领的开封进攻。蒙古兵造了一种牛皮做的“洞子”，做攻城的器具。兵士就藏在洞子里头，到城下去掘城。这种洞子很结实，金兵从城上用箭射它，也不能把它怎么样。后来，金兵就用绳子把震天雷沿城吊下，使它正好吊到牛皮洞子跟前突然爆炸，这样就把蒙古兵的牛皮洞子炸得粉碎。

后来，蒙古征服了金，又灭了南宋，建立了元朝。在元朝时候，管形火器开始用金属铸造。竹管做的火枪，发展成金属做的火铳；粗毛竹做的突火枪，也发展成金属做的大型火铳。

当时的金属管形火器，不但装火药，还装

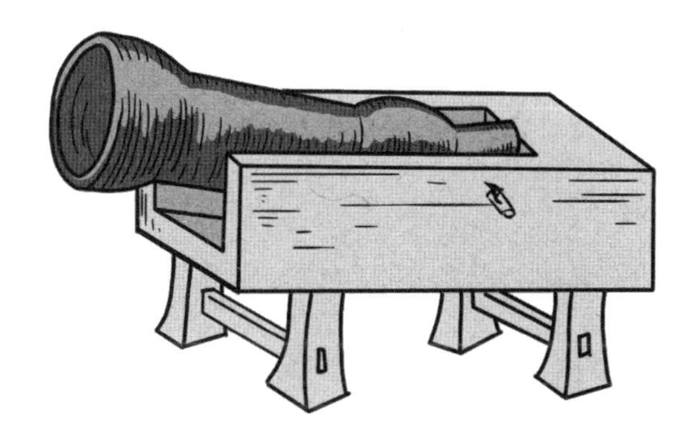

元朝至顺三年（公元1332年）的铜炮

上铁弹丸或者石球。金属管形火器装子弹或炮弹，就是从元朝开始的。

元朝的管形火器，起初是用铜铸造的。现在中国国家博物馆里，还藏有元朝的一尊铜炮——铜火铳。它是元朝至顺三年（公元 1332 年）铸造的，也是现在已经发现的世界上最早的大炮。

到 14 世纪，我国也用生铁来铸造火铳了。用生铁铸造比用铜铸造难得多，因为生铁管子容易裂缝。这不但说明当时我国制造武器的技术已经有高度的发展，也说明我国的冶金和铸造技术有了很大的进步。

用金属铸造的管形火器，射程远，威力大，比以前的火药火器，又大大前进了一步。

原始飞弹和两级火箭

火箭的发明，是空间技术史上的一件大事。我国古代在火箭技术方面，也有光辉的历史。

我国最初发明的用火药做的火箭，是靠人力用弓发射出去的。后来，人们又发明直接利用火药的力量来推进的火箭。这种火箭的构造，和现代火箭的点火装置基本相同，箭上有一个纸筒，里面装满火药，纸筒的尾部有一根引火线。引火线点着以后，火药就燃烧起来，变成一股猛烈的气流从尾部喷射出去，利用喷

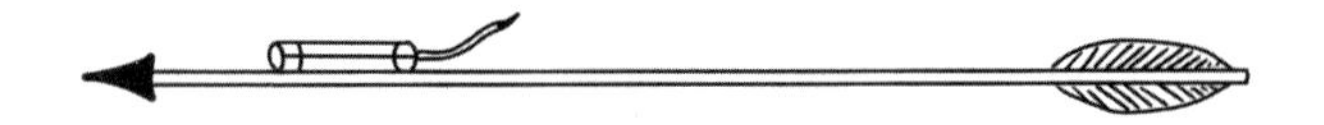

你知道宇宙飞船是用什么送上天的吗？是用火箭。这就是近代火箭的“老祖宗”

射气流的反作用力，火箭就能飞快地前进。这种由火药喷射推进的火箭，可能在宋朝时候就已经发明了。

明朝时候，有人为了使火箭发挥更大的威力，把几十支火箭装在一个大筒里，把各支火箭的药线都连到一个总线上。用的时候，将总线点着，传到各支火箭上，就能使几十支火箭一齐发射出去，威力很大。

明朝初年，还有人根据火箭和风筝的原理，发明了原始的飞弹。

有一种装有翅膀的“震天雷炮”，攻城的时候，在顺风的情况下点着引火线，震天雷炮就会一直飞入城内，等引火线烧完，火药就会爆炸。

还有一种“神火飞鸦”，这是用竹篾扎成的“乌鸦”，它的内部装满火药，发射以后，能飞100多丈远才落地。就在这时候，装在“乌鸦”背上跟点火装置相连的药线也烧着了，引

震天雷炮，这是现代导弹的祖先

神火飞鸦

起“乌鸦”内部的火药爆炸，在陆地上可以烧敌人的军营，在水面上可以烧敌人的船只。

这两种东西——震天雷炮和神火飞鸦，可以说都是最早的飞弹。

明朝时候，由于火药技术的进步，人们还发明了原始的两级火箭。

明朝茅元仪《武备志》一书中记载了一种名叫“火龙出水”的火箭。用一根五尺长的大竹筒，做成一条龙，龙身上前后各扎两支大火箭，这是第一级火箭，用来推动龙身飞行。在龙腹里，也装几支火箭，这是第二级火箭。使

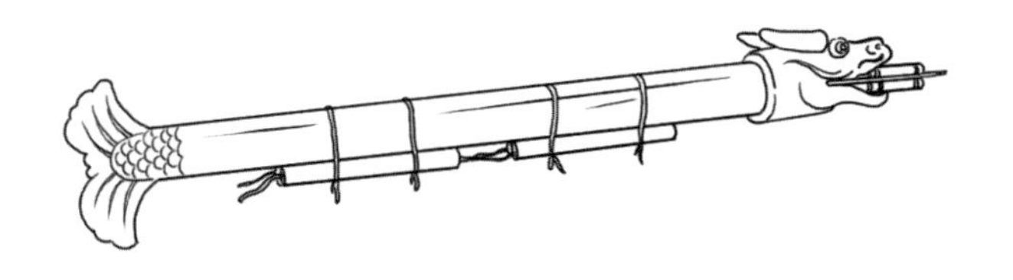

火龙出水，这就是原始的两级火箭

用的时候，先发射第一级火箭，飞到两三里远，引火线又烧着了装在龙腹里的第二级火箭，它们就从龙口中直飞出去，焚烧敌人。

明朝时候，技术水平最高的火箭，发射出去还能再飞回来。这种火箭叫“飞空砂筒”。根据《武备志》记载，这种火箭是把装上炸药和细砂的小筒子，连在竹竿的一端；同时，再用两个点火装置，一正一反地绑在竹竿上。点燃正向绑着的点火装置，整个筒子就会飞走，运行到敌人的上空时，引火线点着炸药，小筒子就下落爆炸；同时，反向绑着的点火装置也被点着，使竹竿飞回原来的地方。这种飞空砂筒，不但是一种两级火箭，而且还能飞出去又飞回来，真是巧妙极了。

14 世纪末，我国还有人幻想利用火箭的力量来飞行。这件事写在外国人赫伯特·基姆的书中。他写到，14 世纪末，有一个中国官吏，曾经在一把椅子后面，装上 47 支大火箭，人坐在椅子上，两手拿着两个大风筝。然后他叫人用火把这些火箭点着，他想借着火箭推进的力量，再加上风筝上升的力量，使自己飞向前方，结果没有成功。这位官吏的想法虽然没有实现，但是十分可贵，它和现在喷气式飞机的原理，是非常相近的。

这是赫伯特·基姆的书中的原图

传到了国外

现在再来说一说，火药是怎么传到国外的。

大约在公元 8 世纪或 9 世纪，我国的炼丹术传到了阿拉伯。可能就在这时候，火药的主要原料——硝石，也传到了阿拉伯和波斯等地。南宋时候，中国和阿拉伯国家交往频繁，火药的制造方法可能就是在这个时候传过去的。

到了 13 世纪，蒙古和中亚的阿拉伯等国交战，在作战中，火器和它的制造方法，也传到了这些国家。当时，有些阿拉伯兵书中就有关于蒙古兵用过“铁瓶”的记载，据说这就是“震天雷”或“铁火炮”一类东西。

有一本阿拉伯兵书说，那时候有两种火器传过去：一种叫“契丹火枪”，是和敌人在近距离交手时用的；还有一种叫“契丹火箭”，是远射时用的。契丹是我国历史上北部一个民族，曾经很强大，因此有些西方人就以契丹来称中国。“契丹火枪”和“契丹火箭”，就是我国发明的火枪和火箭。

和造纸法的传播途径一样，火药的制造方法，也是先从我国传到阿拉伯，又从阿拉伯传到了欧洲各国。

等到欧洲人学会使用火药，我国早已使用几百年了。